U0173190

了解地球
哎哟哟，地球着火了

温会会 / 文　　曾平 / 绘

浙江摄影出版社
全国百佳图书出版单位

暑假到了！
爸爸妈妈带着唐唐，开始了期待已久的"温泉旅行"。
"耶，去泡温泉咯！"唐唐高兴地喊。

3

4

美丽的温泉村里，温泉正"咕咕"地冒着热气。

唐唐一家来到温泉村里的住处，放下行李箱，稍作休息。

突然，房间里的吊灯开始左右晃动起来！

“妈妈，我好害怕啊！”唐唐吓得钻进了妈妈的怀里。

很快，吊灯停止了晃动。
妈妈拍了拍唐唐的肩膀，轻声地安慰："没事，刚刚好像发生了轻微的地震。"

中午，唐唐跟着爸爸妈妈到餐厅用餐。

"爸爸，刚刚为什么会发生地震？"唐唐好奇地问。

爸爸拿起餐桌上的水煮鸡蛋，笑着说："我们所生活的地球，就像这个鸡蛋一样，可以分为好几个部分。"

接着，爸爸剥开鸡蛋壳，把鸡蛋切成了两半。

"看！鸡蛋的外壳内，有蛋白和蛋黄。鸡蛋壳就像地球的地壳，蛋白就像地幔，而蛋黄就像地核。"爸爸认真地解释。

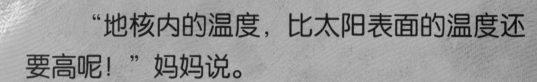

　　"地核内的温度，比太阳表面的温度还要高呢！"妈妈说。

　　"对，地幔的上部会形成滚烫的岩浆，岩浆的流动会造成岩层移动，许多地震因此产生。"爸爸说。

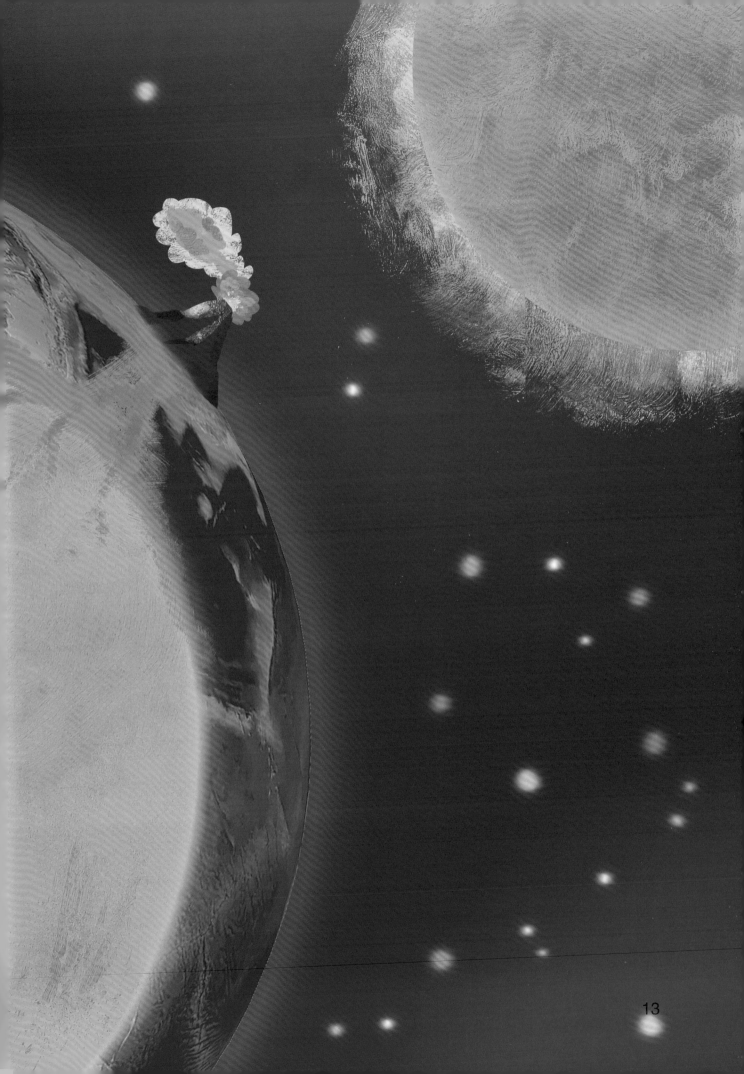

"啊，那说不定现在就有地震！这可怎么办？"唐唐紧张地说。

"不用太担心。每天地球上都会发生好多次地震。但绝大多数地震我们是感受不到的。如果有大地震发生，会有地震预警。"妈妈笑着说。

14

爸爸妈妈带着唐唐来到了温泉浴场。唐唐穿着泳裤，泡在暖和的温泉水里，感觉舒服极了！

温泉富含对人体有益的矿物质。

温泉是从地下自然涌出的泉水。地下有温度很高的岩浆，当地下的泉水流经岩浆附近时，就会受热，变得热热的。

突然，山上传来了一阵巨大的声响。
唐唐吓得抱着头飞快地往山下跑去。

碰

25

来到山脚下，唐唐
抬头一看：绚丽的烟花
在空中绽放。

26

责任编辑　瞿昌林
责任校对　朱晓波
责任印制　汪立峰

项目设计　北视国

图书在版编目（CIP）数据

了解地球：哎哟哟，地球着火了 / 温会会文；曾
平绘 . — 杭州：浙江摄影出版社，2022.8
（科学探秘·培养儿童科学基础素养）
ISBN 978-7-5514-4021-9

Ⅰ . ①了… Ⅱ . ①温… ②曾… Ⅲ . ①地球—儿童读
物 Ⅳ . ① P183-49

中国版本图书馆 CIP 数据核字（2022）第 115937 号

LIAOJIE DIQIU：AIYOYO DIQIU ZHAOHUO LE

了解地球：哎哟哟，地球着火了
（科学探秘·培养儿童科学基础素养）

温会会 / 文　曾平 / 绘

全国百佳图书出版单位
浙江摄影出版社出版发行
　　　地址：杭州市体育场路 347 号
　　　邮编：310006
　　　电话：0571-85151082
　　　网址：www. photo. zjcb. com
制版：北京北视国文化传媒有限公司
印刷：唐山富达印务有限公司
开本：889mm×1194mm　1/16
印张：2
2022 年 8 月第 1 版　　2022 年 8 月第 1 次印刷
ISBN 978-7-5514-4021-9
定价：39.80 元